大丰麋鹿

Dafeng David's Deer

符号江苏·口袋本

马连义◎编著
杨国美◎摄影

江苏人民出版社
江苏凤凰美术出版社

图书在版编目（CIP）数据

大丰麋鹿 / 马连义编著. -- 南京：江苏人民出版社, 2016.3
（符号江苏·口袋本）
ISBN 978-7-214-15274-9

Ⅰ. ①麋… Ⅱ. ①马… ②杨… Ⅲ. ①麋鹿－介绍 Ⅳ. ①Q959.842

中国版本图书馆CIP数据核字（2015）第049571号

大丰麋鹿

编　　著	马连义
摄　　影	杨国美
责任编辑	汪意云　鲁从阳
责任监制	王列丹
装帧设计	王　崇　樊旭颖
出版发行	凤凰出版传媒股份有限公司 江苏人民出版社 江苏凤凰美术出版社
出版社地址	南京市湖南路 1 号 A 楼，邮编：210009
经　　销	凤凰出版传媒股份有限公司
排　　版	江苏凤凰印刷数字技术有限公司
印　　刷	南京精艺印刷有限公司
开　　本	787 毫米 × 1092 毫米　1/32
印　　张	5.75　　插页 2
版　　次	2016年4月第1版　2016年4月第1次印刷
书　　号	ISBN　978-7-214-15274-9
定　　价	29.00元

海涂秋实

目录

CONTENTS

大丰麋鹿

故乡

引言

大丰麋鹿是一种神奇的物种：它自古被称为吉祥之物，而命运却乖蹇多舛；它具有 300 万年悠久的生命历史，却在长达数百年的时期内几度濒临灭绝；它生性清高孤傲，自成种群，造物主却偏偏给了它似马、似牛、似驴、似鹿“四不像”的外形。它向往宁静，从来远离人类的目光，可上自周朝王囿，外至多国林园，它的形象一直在供人观瞻。就这样，它尴尬地生存了数万年，顽强地抗争了数万年，

单元群落

为了获得生存的空间，它的庞大的家族曾经沿着仙鹤飞行的方向，从冰天雪地的北方往南方进行遥远的迁徙；为了捍卫自身的尊严，它在整个种族处于危险的时刻，始终没有低下高贵的头颅。它以铮铮的硬骨，创造了生命的奇迹，在地球生物发展史上独树一帜，硬是把无数的不可能变成可能，从而把生物生命的价值和意义推到了灿烂的极致。最终，它赢得了人类的尊重。麋鹿，这个中国特产的动物，这个被国人喻为吉祥之物的国宝，这个湿地精灵，它的生命过程中隐含着无限神秘的宇宙密码，包容了太多的中华文明的内涵，作为一个古老而又新生的物种，其生命、历史、心灵和哲思信息的密集程度，是很多物种望尘莫及的。因此，由它所引申出的文化现象，无论对于自然科学还是社会科学，都具有非同凡响的参照意义。

麋鹿最终落脚在中国大丰境内。这片太平洋西岸如花似锦的广阔滩涂，最终成为中国麋鹿的故乡。无论在远古麋鹿家族遭受厄难的时代，还

傍水而居

湿地精灵

水泊晚秋

万物始终之地

是近代麋鹿种群濒临灭绝的时期，最终接纳并滋养它的总是亚洲东方这片斑斓的湿地。

这里是一片神奇的区域。东方是大海，西部是湖泊，南边是长江，北面是黄河。这片滩涂就是江河湖海中心的一颗明珠。这里花红草绿，獐跃鹿鸣，沟壑纵横，光滩沉寂，似海非海，似河非河，似岛非岛，似陆非陆，这种“四不像”的地域，养育着“四不像”的物种，实在是鬼斧神工、天之巧合。

南黄海湿地

踏水行者

滩涂尽染秋色

◎ 幸福老家

1. 亚洲东方的一片净土

烟波浩瀚的太平洋西岸，有一片原始神奇的广袤滩涂，这里人迹罕至，草长莺飞。占地 4 万亩的大丰麋鹿国家级自然保护区内，自由地生活着世界上最大的麋鹿种群。

天地鹿鹤

怡海之麋

世界上现有的麋鹿大多生活在亚、欧、美二十多个国家的园林中。大丰麋鹿国家级自然保护区现有麋鹿2818头，是世界上最大的麋鹿群种，在总量上占世界的40%。同时这里生活着世界上唯一一群纯野生麋鹿种群。通过遥感观察统计，目前，野生麋鹿达到265头。

4万亩的海滨滩涂花红草绿，树茂林深，港汊纵横，光滩沉寂。近乎古老的原始生态，未经雕琢，与东方大海的潮汐一样，生生不息。2818头麋鹿远离人类的目光，远离都市的喧嚣，像一群湿地精灵，自由地栖息繁衍。

近水者智

白鹭与麋鹿

自古与麋鹿相伴生存的有牙獐和白鹭。在白茫茫的狼尾草中，凡有麋鹿出没的地方总有精明的牙獐随行。

无论急进如飞地奔驰还是静若处子地站立，高大的麋鹿背上总站立着一两只潇洒自如的白色海鸟。

古老的《封神榜》上记述了仙鹤与“四不像”同行的图景。也许古人将周身洁白的鹭划进了鹤的范畴。这种骑鹿的鸟叫白鹭。

自然保护区在保护濒临灭绝物种麋鹿的同时，也保护了其他生命。与麋鹿、牙獐、白鹭一同生存于海滨自由天地的还有近300个动物

生命派对

日常操练

家族。在晨曦初露的草滩,有孔雀在朝霞中开屏,在黄昏过后的丛林,有野獾呼唤幼崽夜归。大海之滨,万物始终之地,也是多样生物集聚之地。

南黄海湿地是天然的海滨植物园。上千种花草和禾木、灌木在阳光下展示着蓬勃的生命。

人类在这片滩涂形成之际曾在这里开辟盐场、林场与农场,人类在20世纪后期又明智地将这片滩涂予以封存。以无为展示大有作为,还大海之滨自然景观,使日月沐浴于其中的这片滩涂成为亚洲东方的一片净土。

世界濒临灭绝的珍稀物种麋鹿,是1986年从欧洲回到故乡的,从当初的39头,发展到今天2800多头。30年间,大丰人营造了一个令喧嚣繁忙的都市人梦寐以求的宁静童话,创造了世界大型野生动物保护史上的奇迹。

我们在麋鹿自然保护区,经常看到一群麋鹿静静地站在远处,与我们的目光久久对峙,仿佛在彼此体认,寻找一种沟通的方式。

目前,大丰麋鹿国家级自然保护区正在创建国家5A级旅游景区。每年逾百万人到这里旅

槐花·麋鹿·白鹭

游，欣赏美丽的南黄海湿地风光和神奇的湿地精灵——麋鹿。

2014 年，来自五大洲 20 多个国家的青年学生们，在走过了乌干达大沙漠、马来西亚热带雨林之后来到中国东部的这片海滨滩涂，学生们惊呼 ：“太美了，纯粹的原始风光。”带队的露伊莎小姐说 ：这里应该申报世界自然与文化遗产。

出水精灵

2. 从乌邦寺庄园到南黄海湿地

一百多年前，中国特有物种麋鹿在本土绝迹。中国麋鹿在海外漂泊，流离失所。到 20 世纪 80 年代，这一濒临灭绝的物种零零落落地被饲养在欧洲、北美洲、非洲和大洋洲，而英国伦敦郊区的乌邦寺庄园，是麋鹿的主要保护地和鹿源输出地。

向往彼岸

野放麋鹿

随着中国综合国力兴盛以及对外开放的态势，如何让麋鹿重返家园，成为中英两国政府和国际野生动物保护组织的共同愿望。1986 年英国首相撒切尔夫人在伦敦欢迎中国领导人胡耀邦的宴会上说：“麋鹿回家和香港问题的解决，是当今中英关系史上的两件大事。”乌邦寺庄园主泰维斯脱克侯爵说：“对我和我的家族来说，能与中国合作让麋鹿重返故园，的确是件极为振奋人心的事。”

最初，麋鹿重引进工程选址在北京南海子。1985 年，22 头麋鹿从英国引种至北京南海子并获得成功，在国际上产生极大的影响。至今，

形影相随

北京南海子麋鹿苑仍然是麋鹿重要的饲养基地、麋鹿科普基地和青少年教育基地。

作为被联合国组织列入濒临灭绝动物“红皮书”的麋鹿，最佳的保护方式是建立自然保护区。复壮种群，具体的地点应该选择在哪里？中国鹿类权威专家曹克清教授说：“若是饲养，哪里都行。中国这块版图之内，哪里不能饲养呢？而建立麋鹿自然保护区必须有一个最佳生活区，今天这样的最佳生活区，也许就是东北亚热带北部的长江下游。”

我们把目光退回到1984年夏天。中国东部南黄海滩涂的大丰地段，作为多个预选地之一，中外专家考察组的专车在这片一望无际的荒原中艰难地行进。前面是一片开阔地，展现着大片青红相间的盐蒿。突然，一只牙獐从路边草丛中窜到路中央，歪着头好奇地看着考察团的车辆。这一戏剧性的情节引起专家们极大的兴趣。牙獐和白鹭自古就是麋鹿的伴生物种。凡有麋鹿出没的地方，一般都会有牙獐伴行。一个不经意间的偶然相遇，把科学家的判断和自

闲庭信步

林海春深

然界的现实天衣无缝地镶嵌到一起，在江苏大丰建立麋鹿保护区的决定因为这个细节增加的分量而正式确定。

据科学考证，位于南黄海湿地中心区域的古海陵地区是野生麋鹿的最后灭绝地。已经出土的麋鹿化石和大量文史史料，对此作出充分印证。

据现任麋鹿保护区主任、30 年前亲身参与麋鹿回家全过程的孙大明回忆：作为中国政府与国外的正式合作项目，39 头麋鹿，由国家林业部主持，由 H. 荣求斯（H.Jungius，世界自然基金会与世界自然保护联盟的官员兼科学家）

情侣

飞禽与走兽

和 A. 路登（A.Loudon，伦敦动物学会的科学家）博士经手，由世界自然基金会与世界自然保护联盟免费提供并运输到中国。这些来自英国 7 家动物园和公园的麋鹿，被装入 8 个大木箱，于 1986 年 8 月 13 日由一架荷兰大型运输机运送来华。同日下午 5:30 抵达上海虹桥国际机场。旋即转装上大丰刘庄汽车运输公司的 8 辆运输卡车。晚上 9:00 开始向大丰进发。14 日凌晨 2:00 到达长江摆渡码头，并顺利跨越了长江，继续前行。但距目的地大约 100 公里时，一辆车突

流失的时光

1986.8.14回归

发故障。7 辆车继续前行，并于 15 日上午 8:00 先行到达。因维修而掉队的那辆车迟到了 3 小时，于 15 日中午 11:00 到达。至此，39 头麋鹿全部安全运达大丰，随即被放入保护区的预备围栏。此小围栏仅 3 公顷，属临时性，以待麋鹿受检疫和适应。

一群麋鹿从遥远的欧洲回归故土，完成了生命历史上的又一次重大的迁徙。从西半球来到东半球，39 头麋鹿乘专机回到了这片它们的祖先曾经生活的故土。从这一天起，麋鹿的命运发生了重大转折。

1986.8.14回归

雾精灵

◎ “四不像”的特征

1. 麋鹿的脸形像马脸

麋鹿是一种湿地动物，喜欢吃嫩草，也特别喜欢吃水中生长的植物。它们长长的脸可以伸进水中，能吃到离水面 30—40 厘米深处的植

小鹿

传情

野渡

物。长期的进化，使麋鹿长成了一张长长的脸。

在麋鹿脸的三分之一处长有一对大大的眼睛，在两眼的内角下方还各长有一个眶下腺。正常情况下，眶下腺是闭合的，如果遇到危险时，眶下腺就张开，特别是当麋鹿受到惊吓时，两个眶下腺会全部张开。

2. 麋鹿的角很奇怪

母麋鹿是不长角的，只有公麋鹿长有一对大角。与其他鹿角不一样，麋鹿角向后分叉，每个角尖在同一平面上，脱下来的角倒放时可以站立不倒。

人们还可以通过麋鹿角确认麋鹿的年龄。麋鹿刚长出的角称为“茸”，每长大一岁，麋鹿茸就会增加一个分杈。麋鹿长到5岁时，角分杈基本定型；6岁后，随着麋鹿年龄的增长，常在角的第一个分杈末端外侧长出1—4个小杈，以及在角的其他分杈上长出多个小的瘤子。麋鹿角根外围长有一个个像珍珠般大小的小圆

麋鹭天下

瘤，科学家们把这些小圆瘤叫做珍珠盘。在麋鹿角的分杈上还长有一些深浅不等的顺沟，把角点缀得更加美丽。

3. 麋鹿的尾巴特别长

鹿科动物的尾巴大多都比较短，一般只有10多厘米，唯独麋鹿的尾巴很长，足足有30多厘米，可以达到身躯长的1/3。麋鹿尾巴下垂时，尾毛可达到飞节，尾的形状长得像驴尾巴。长长的尾巴可以驱赶身体后段吸血昆虫的叮咬，达到保护自己的目的。麋鹿的尾巴还有

平衡作用。

鹿群在快速奔跑时，前面的鹿都要竖起尾巴，作为目标，让后面的鹿看着前面的目标奔跑而不至于跑偏或掉队。

4. 麋鹿脚长蹼

麋鹿的脚又称为蹄，它的蹄形状像牛蹄。麋鹿共有 4 个蹄，其中第一蹄和第四蹄一般悬空不着地，第二蹄和第三蹄着地，整个身体都靠第二蹄、第三蹄的支撑。在第二蹄和第三蹄间生长着一层皮腱膜，就像鸭子脚上的蹼。当

迸发

转移

麋鹿在泞泥地上站立或行走时，第二蹄和第三蹄就张开并将两蹄间的皮腱膜拉平，增加脚与地面的接触面积，从而不让自己的脚陷入泞泥中。麋鹿在游泳时，也同样张开蹄间的皮腱膜，就像船上的桨一样，增加与水的接触面积，这样可以使身体浮在水上，不断地将身体向前推进，加快游泳的速度。麋鹿也是动物中的游泳健将，可以游过长江呢！

5. 麋鹿有 4 个胃

麋鹿有 4 个胃，由前向后分为瘤胃、网胃、瓣胃和真胃。瘤胃就像一个大仓库，麋鹿吃进的大量草料都存放在其中，通过瘤胃的蠕动，进行发酵，帮助消化。网胃的胃壁有许多网格，像网一样。瓣胃分为许多层，麋鹿吃进的草料，经过咀嚼后由网胃进入瓣胃，然后再由瓣胃进入真胃。真胃才是麋鹿真正的胃，胃内长有胃腺，能够分泌消化液，进行消化。

黎明静悄悄

守望

◎ 前世今生

夏商周时，天下麋骤，千万为群
森林之侧，万麋倾角，猛群恃阵
虎豹避之，亥时华夏，大江南北
麋群驰骋，中原逐鹿，尘扬遮天蔽日

1. 大江南北多麋兽，千万为群

科学家告诉我们，麋鹿和人类共同具有300万年的生命历史，是当今这个地球上为数不多的老祖宗之一。

文献表明，商周是麋鹿鼎盛期。大江南北多麋兽，千万成群。西晋张华所著《博物志》里写得比较详细。他说："海陵县多麋，千百为群，掘食草根，其处成泥……民随畦而种稻，不耕而获其利，所收百倍”（见《后汉书·郡国志》注；东汉王充《论衡·书虚》也有类似记载）。海陵县是西汉武帝元狩六年（公元前117）设置的，包括现在江苏泰州、姜堰、海安、如皋和大丰等不少地方。这就是说，在那时及稍后（例如西晋张华所处的时代）海陵县便有成千上万

沐浴金秋

的麋鹿，它们扒掘草根为食，踹烂了周围的土地，使当地的老百姓不用费力耕作，便能种上庄稼，得到理想的收成。“海陵麋田”之说，最早可以追溯到夏代（约公元前 2070—前 1600），在秦汉（公元前 221—公元 220）成书的《山海

经》中的描述。因为野生麋鹿是一种喜温湿水环境的平川兽类，反映古代野生麋鹿分布的最晚的古文献全部都集中在我国，包括江苏、湖北、海南和台湾等地。古代自然资源丰富，人类和麋鹿以及其他物种没有激烈的资源之争，况且

部落群雄

麋鹿是食草动物，不对人类安全构成威胁。

根据曹克清教授的论述，麋鹿是一种喜欢平川水域的沼泽兽类，2万年前，野生麋鹿空前昌盛的全新世中期正值高气温、高海面时代，作为其栖息地的现今河北平原、苏北平原等沿海地区当时大多遭淹，洪水泛滥，江河逆行。《孟子·滕文公上》描述："当尧之时，天下犹未平，洪水横流，泛滥于天下。草木畅茂，禽兽繁殖，五谷不登，禽兽逼人，兽蹄鸟迹之道交于中国。"当时黄河流域树多、湖多，超过现在的长江流

岁月

域和珠江流域。黄河下游由太行山以东到淮河以北，到处都有湖泊，大小相杂，数以百计，宛如秋夜银河中的繁星，晶莹闪烁，蔚为壮观。山东西部的巨野泽，是一个浩淼广阔的大湖泊，可与现在的洞庭湖相媲美。巨野泽还不是黄河流域最大湖，太行山东的大陆泽与之堪称伯仲。当时的环境与现代大相径庭，令人难以想象。

在较近的中世纪高海面时期，现今的太湖地区受到三江倒灌的影响。北宋《水利书》记载："欲东导于海者反西流，欲北导于江者反南下"，反映了沉积作用与海面变化的双重影响。这里的水害程度可以想见，但对麋鹿却有利。野生麋鹿生息得益于此。

从古代野生麋鹿分布最集中的地区——长江下游的某些情况看，玉木冰期后，现在江苏的大部分地区还是一片汪洋。扬泰古沙嘴是距今5000—6000年间海面最高时期的产物。野生麋鹿最丰富的古海陵就坐落在这个沙嘴之上。这个地方离巨大的水体——长江和黄海越来越近，而且本身也经历过一个脱离水体、成为陆地的过程。这些与水关系最密切的地方，正是麋鹿化石最集中的地方。

麋道乐土

圣洁之光

科学家认为，在生物进化的历史长河中，自从生命第一次出现在远古时代的软泥时起，灭绝已经是生命的一个事实。生物的进化以物种灭绝为代价。在麋鹿之前，恐龙等一些超大型动物已经灭绝。据《山海经》记载，在远古时代，与麋鹿同时发展的大型哺乳动物除马、鹿、牛、骡、虎、狮、驼等，还有闾、幽安、足訾、孟槐、诸犍等数百种之多。物种迅猛发展，大大超过了地球表面植被的负荷量，大自然根据优胜劣汰、适者生存的原则进行周期性的无情筛选和淘汰，新生与死亡并存，成为大自然千古不变的规律。

2000年前麋鹿出现生存危机，首先是活动区域越来越少，从驰骋大江南北到最后偏居江淮一隅，在数量上从千万为群，到百十成群，到溃不成群，直至野生麋鹿灭绝。

另外，中国近5000年来气候总趋向是逐渐变冷、湿度越来越低，沼泽和水域明显减少。这么明显的自然变迁，无疑对野生麋鹿的生存、发展和地理分布产生了不利的影响。同时麋鹿浑身是宝，其用处几乎渗透到先民生活的所有方面，大量遭遇猎杀不可避免。

更重要的是它们长期生活在森林中或森林边缘的那些水草丰茂的平原沼泽地区或其他湿地。但是，几千年来，各族人民长期的开拓垦殖，已经大规模地改变了天然植被的面貌，各地区的植被类型有了极大的变化。森林大多被砍伐，平原湿地经过多年的垦殖大多成为了农田。天然植被被栽培植被所替代，破坏了自然界原来所拥有的生态平衡，使野生麋鹿等动物的生活越来越艰难。野生麋鹿喜爱的生境区域，总是古人趋之若鹜跟踪开发之所在。纵观中华民族有史以来繁荣的总趋势，也是逐步向东南方向发展的，野生麋鹿总是充当先民的先行者和拓荒者，并且最后总以自己退出而告终。

母子情

天象之配

2.《石鼓文》及《周礼》麋肉食谱

著名的西安碑林里，收藏着石墩上篆刻的檄文，生动地描述了古代公卿大夫捕杀麋鹿的场景。

公卿大夫，狩猎遨游，
驾轮车，驭骏马，以游以狩。
惊得麋鹿东窜西走，

狼尾草甸剪影

公卿们贪婪地追求。
我赶着牯牛，蹀蹀而走，
忽闻呦呦！
啊！逐鹿麋鹿，将弓出矢。
飕！飕！取其皮尾，以制珍裘。
……

有这么一段惟妙惟肖的文字，读来脍炙人口。《战国策·楚三》中提到："今山泽之兽无（狡猾）于麋。麋知猎者张网，前而驱己也，因还走而冒人，至数。猎者知其诈，伪举网而进之，麋因得矣。"其意思是麋鹿知道猎人张起网来，要把自己赶进网中去，所以，它就掉转身子径

怡然自得

海陵麋田

直冲向猎人。这样反复多次，猎人便认识了它的这一狡诈的习性，于是就伪装着举起网，诱使麋鹿自己走进来。它竟还是按照老样子直朝猎人冲来，猎人就把这头狡猾的麋鹿给逮住了。

根据《逸周书·世俘篇》，周武王在伐纣后经常围猎，其中一次大规模的围猎，获兽达10200多头，当中鹿类8835头，而麋鹿占鹿类的60%。

周惠王时，曾组织700人的马队，大举追剿麋鹿，鹿尸成山。上述石鼓文雕刻的诗句，就是那次围剿的生动描述。

在甲骨文里，多次出现反映3000余年前商

梦境

妻妾和子女

王狩猎麋鹿的一些事实和情形。商王有一次猎捕麋鹿上了瘾，于是就带着一帮人，策马穷追，从仲夏到立秋一共追了 60 天，第一次捕获了 88 头；第二次 209 头，第三次 348 头；第四次 726 头，总数达到 1371 头。此外，据 1944 年胡厚宣对卜辞记载的不完全统计，仅武丁时（公元前 1230—前 1171）猎获的麋鹿就有 1179 头，其中一次性捕获 200 头以上的就有 2 次。《逸周书·世俘解》也提到，武王伐纣以后，“武王狩，禽虎二十有二，猫二，麋五千二百三十五，犀十有二”。

从上海马桥、崧泽新石器时代人类遗址出土的麋鹿骸骨来看，标本十分破碎。除跟骨、距骨和指（趾）骨等少数标本完整以外，大部分严重破碎。头骨和角枝无一完整，都属残段残块，甚至只剩单个牙齿。肢骨和掌骨也无完整的，大部分只剩两端，甚至只有完整或残破的关节部位。被如此严重破坏的原因，显然是古人为了获得生活资料或生产资料而猎取、宰杀、利用的结果。除了角和少部分骨骼可能是为了制造角器和骨器在取料中用剩遗弃的以外，其他骨骼似乎都是为了剔骨吃肉和破骨吸髓而

雄姿

被打碎的。更值得注意的是，麋鹿骸骨的数量（179 件）竟比家猪（161 件）略多，由此可见当时麋鹿被先民当作主要肉食来源而遭猎杀的程度。

新石器时代以后，麋鹿肉的食用方法日趋精细考究。

周代《礼记·内则》中记载着麋鹿的肉的部分吃法：麋肤（连皮切块的熟肉）、麋腥（生肉）、麋脯（干肉）和麋腊（腊肉）。

至周代，古人已经像现代人处理猪、羊肉那样，知道将麋鹿的肉，按不同的部分分档［如：

沼泽鹿群

归途

里脊肉，连皮带肉切块（麋肤），带骨剁的肉酱和去骨剁的肉酱等］，并熟练添加多种香辛调味料［如：不切细的藿叶（轩）、桂末和姜末（屑桂姜）等］，制作手法或工艺已堪称精良［如：去掉肉中的筋腱（去其饵）、去掉肉际的薄膜，煮、蒸、用棒槌敲打（捶）使肉嫩软而滑爽（柔）和腌制（盐之）等］，因而吃的方法五彩纷呈，可谓是色香味俱备：或吃生的（麋腥），或吃肉干（麋脯），或吃连皮带肉的（麋肤），或吃带骨的肉酱，或吃去骨的肉酱，或荤素搭配成多种成式菜肴，或多程序精心炙烤（熬），或多程

雾秋

近水茶座

序精心制作山珍（捣珍）等。

周代是我国饮食史上的里程碑，烹制色香味俱全、典型中国特色的菜肴的技艺已经很娴熟。麋鹿是当时野味中最为主要的。

然而综览古代文献，越接近于近代，麋鹿肉食的文献似乎在加速地锐减，越来越难以见到。这是因为生态环境受到过度开发而遭毁灭性的破坏，加之滥捕滥猎，麋鹿在野外越来越少。到唐代（618—907）也许只在某些地区，麋鹿还算得上是一种资源。到宋代（960—1279），麋鹿已经缩减了其分布范围和密度，只有更局部地区、更少数的人能够吃到它的肉。在《宋人千首绝句》里，有吴惟信《咏猫》诗，诗中有“吃到残麋味却鲜”的诗句。到元代（1206—1368），可能主要是皇家和显贵才能吃得到麋鹿肉。例如，当宋代灭亡，小皇帝一行被押解到大都（今日北京）时，忽必烈先后举行 10 次大规模的宴会隆重庆贺，所上的菜肴中就有蒸麋。待至明清（1368—1910），除宫廷外，也许只能在中医药或药膳书籍里反映出麋鹿肉作为滋补品、保健品甚至药品在使用。麋鹿由主要食用其肉转变为主要药用鹿茸鹿角了。至民国时期（1911—1949），在我国的大陆部分，连麋鹿作为药用也已失传。从此，我国的这种自然资源基本枯竭。（**本节主要内容源自曹克清《麋鹿研究》。**）

走过沼泽

3. 最后一头野生麋鹿在海陵消失

1984年，江苏姜堰一位80多岁的农民刘荣华老人说：他的祖父在桥头乡的草田里曾亲眼见到过麋鹿，以及它奔跑时芦苇向两边倒伏

的情景。他记得他祖父描述此鹿为一种高大的动物，毛色为淡灰褐色，有着分叉奇怪的特别大的角，无论形体大小、毛的色泽或角的形状都与梅花鹿不同。如此算来，地球上最后一头野生麋鹿在海陵消失，应当在160年前。

红河谷

4. 1866 年冬天皇家猎苑的神秘交易

野生麋鹿种群在中国大地灭绝之后，北京南苑南海子清朝皇家猎苑饲养着一群麋鹿。北京南海子是麋鹿生命史上的一个重要地点。

南海子的“海子”一词出自蒙语，意为包含着巨大湖泊的美丽花园。南海子的历史也许应该上溯到距今一千多年契丹人统治的辽代（907—1125）。契丹人是北方游猎民族，他们有“畜猎以食，皮毛以衣，车马为家，转徙随时”的习惯。今北京南苑附近远在辽代就是契丹统

林麋

鹿苑秋色

治者游猎的场所。

到了辽亡金（1115—1234）兴时期，建立金朝的女真人也以鹰犬为伴，也常爱游猎。据《大金国志》记载："金国酷喜田猎，昔都会宁，四时皆猎。海陵（1149—1160）迁燕（今北京），以都城外皆民田，三时无地可猎，候冬月则出。"

可见，辽和金两代是北京南海子猎苑的孕育和雏形时期。

元朝皇帝保留有蒙古民族的狩猎习俗与传统，每年春秋都要在南海子举行大规模狩猎，分别称之为"春水"和"秋山"。"春水"就是在北京（初称中都，后称大都）南海子这片树影婆娑、湖水轻吟、禽兽熙攘的湿地或其附近，

雾冬鹿苑

傍晚

时称“下马飞放泊”。而“秋山”远在今内蒙正蓝旗（当时称为上都开平）的地方。

满族先祖是女真人，原先是生活在东北白山黑水间的游牧民族，同样有重视骑射的传统，因此古南苑到清代（1616—1911）后便得到了全面振兴和发展，整个面积超过2000公顷。

顺治（1644—1661）、康熙（1662—1772）和乾隆（1736—1795）年间先后在其中修建了行宫、庙宇、角门，使之日趋成为一座范围广大、设施理想、十分成熟的皇家囿苑。

为了保护南苑内以麋鹿为主的珍禽异兽，清代朝廷除严禁百姓涉足外，还采取了多种积极的养护建设措施。其中主要的是经常在苑内栽种树木、花卉和水生植物，限制开垦土地，以及经常清除苑内对珍禽异兽有危害的食肉动物，如狼、狐和野鹰雕等。为了清除南苑的“狼暴”，每年冬日皇帝本人在南苑围猎时也都亲自将狼、狐等食肉动物作为主要的捕杀对象，并称之为“打狼围”。

这些举措，对南苑的珍禽异兽起到了有效的保护作用。经过200年左右的管理和运作，南苑内环境优美、草本葱郁、花艳果硕、鸟兽兴旺，珍贵的麋鹿也得以迅速增长。据清史记载，仅苑中的麋鹿就达到几百头。

清朝末年，战祸不断，皇家猎苑荒芜。1886年，永定河发大水，“南苑二百里，顿成泽国”，麋鹿四处逃散，被饥民捕杀果腹而空。1900年，八国联军攻陷北京并彻底摧毁了南苑及其麋鹿群，中国麋鹿在本土绝迹。

大自然的安排有时候匪夷所思。自然法则有时与社会法则南辕北辙。如果说野生麋鹿灭绝之后，恰恰是用于狩猎的场所收拢麋鹿，使其苟延残喘，这一史实已经荒唐至极，而使麋鹿这一珍稀物种最后得以保存的，更是一则真实而荒诞的故事。我们介绍一位叫做达卫的外国人。

当年的达卫是个酷爱自然和探险的年轻人。36 岁时被法国天主教会派到中国来，并起了个中国姓名，叫谭征德。除了传教外，他把主要精力用于在中国内地的 3 次科学考察上。从内蒙草原到闽西山地，从北京周边到秦陕高原，足迹遍布大江南北。他在动物标本收集、分类命名和生态描述等方面取得了举世瞩目的成就，包括发现并获得麋鹿标本。而他在四川宝兴天

主堂任神父期间对大熊猫、金丝猴和珙桐等的发现，使其影响达到了巅峰。

1865 年，达卫在北京天主教苦修会工作期间，听说有一群稀有的鹿种被护养在南海子，而这个地方几个世纪来一直是中国帝王打猎和消遣的地方，但对普通人来说却是禁地。这是一片由高大围墙包围着、并由旗人士兵严守着的神秘地，里面风景优美、林木葱茏，饲养着许多珍禽异兽，十分诱人，这引起了这位神父

生命传奇

茫茫岁月

的浓厚兴趣。他决定，不论那儿防守多严，都要设法亲眼从墙外往里面看个究竟。于是，有一天，他找到了个机会，叫人帮他爬上了墙头，并侧卧在围墙上，窥视猎苑。这时他看到许多种类的动物活跃其中，而这些动物中确有一群个子特别高大的鹿种，是他过去从未见到过的。他立即意识到这一鹿种极可能具有很高的学术价值，不禁喜出望外。

此后达卫了解到，如有人偷猎这群鹿，偷猎者就要被判死刑。他同时了解到，如果与官方打交道，请求得到这一鹿种标本将也是不可能的。为了得到标本，他决定采取非常措施。他发觉那些旗人士兵，在粮饷不敷时会偷吃鹿肉。但不论达卫如何请求，那些士兵都慑于规定，拒绝将鹿皮、鹿骨、哪怕是鹿角卖给他。达卫并没有因此气馁，继续锲而不舍地努力。到 1866 年 1 月 30 日那个滴水成冰的寒夜，他终于碰上了些更贫困而又有胆量的士兵，促使这位神职人员采取了一种最世俗的手段，隔着苑墙以 20 两纹银为代价，换取了从里面偷偷递过来的两张麋鹿皮和两个头骨。

雪地芭蕾

达卫将这些到手的标本及时寄往巴黎的自然博物馆，由米尔恩·爱德华兹主任作鉴定。同年，论文便很快问世，证实了这群鹿果然是一个新属新种，在形态上具有许多引人注目的独特之处。文章还首次以西方第一个发现者达卫之名作为这种动物的种名。从此，这种早年驰骋大江南北、后绝灭于中华原野、深藏于皇家禁苑而世人未识的国粹动物——麋鹿才为天下所知，并立即轰动了欧洲。当初定名的模式标本，至今仍收藏在法国自然博物馆。

吉祥神兽

家园

5. 海外百年

在1866年之后的若干年里，圈养在南海子猎苑里的麋鹿，被英、法、德、比等国的公使、代办、领事或神职人员等，或明索，或暗购，或以其他方式，先后弄走许多头，迄今有案可稽的就有19头，分别饲养在欧洲各家动物园里供游人赏玩。但是由于当时不大了解这种动物的生态习性，有的麋鹿在运输途中就死了，即便活着到达目的地的，饲养得也都很不成功，多半是越养越少，最终死绝，仅1876年运往柏林的1雄2雌较好地繁殖了后代。这是因为这种动物在自然界时已经形成根深蒂固的

晨涉

一套生态习惯，在南海子猎苑也已经适应了数百年，待移到外国动物园的鹿圈里，由于面积太小，饲料单调，生活条件不合适，虽然勉强活下去，但繁殖不理想。第一、第二代还过得去，到第三代以后则逐渐退化，最后终将由于不育而绝种。用专业的术语说，这种动物比较特化，只能适应于一种生存环境，一旦环境改变必然趋于灭亡。

绿屏水鉴

真正将这一物种从灭绝线上挽救过来的是英国公爵贝福德，他于1894—1901年，及时果断地购买了残存在欧洲的18头麋鹿。据贝福德的档案等资料记载，在这18头中，只有从巴黎运来的 1 头雄麋鹿和少数雌麋鹿开始繁殖，其余多数活到老死也没有繁殖过。

这位公爵拥有广阔的地产，包括英格兰乌邦寺的一片很大的园林建筑和散养麋鹿等动物的一片 15 平方公里的园子。这个园子面积大而地形微微起伏，其中主要是开阔的草地，冬季也是绿草如茵。在草地中稀疏地分布着一些古老而巨大的橡树，也有些稠密的人工林，还有 8 个大小不一的人工湖。这里也散养着其他一些鹿类，如梅花鹿、马鹿、水鹿、獐和麂等，与当年南海子猎苑的环境有许多相似之处，因此，在别处养不成功的麋鹿，在这里却能饲养成功。到了 1906 年，英国的这个麋鹿群已有 37 头；到第一次世界大战爆发之际，已发展到 88 头；第二次世界大战之后，发展到 250 头。近 10 年中，它的种群被调控在 500—600 头上下。如今，世界上 6 个洲 20 多个国家和地区 150—160 个饲养点的麋鹿直接或间接都是它们的后裔。

直到 20 世纪 30—40 年代，麋鹿尚被公认为世间最稀有、最难得的鹿种。因为老贝福德素以拥有世间唯一的麋鹿群而自豪，无论任何人怎么游说或出多少价钱，他都不肯出让一头。

晨曦雄风

注目朝霞

但第二次世界大战带来了新局面，而且较为开明的小贝福德承继了父亲的产业，有权独立处置财产。当时处在战争中，麋鹿群饱受饲料短缺之苦，甚至一度不得不靠卖鹿肉打发日子。在纳粹飞机狂轰滥炸英伦的日子里，整个麋鹿群大有毁于一旦之势。这些使小贝福德背上承重的精神包袱，深恐事态发展下去，真有一天毁了麋鹿群而成为历史罪人，永受后人责骂。于是他决心分散鹿群并付诸行动。用他自己的话说："将所有的蛋放在一个篮子里总是最危险的。"战后至 1948 年，当乌邦寺的麋鹿群增至 255 头时，小贝福德（12 世及后来的 13 世公爵）便陆续将少数麋鹿转让给了国内外各大动物园饲养、展览。特别是他本国的回普斯奈德动物园，因面积较大，非常适合于麋鹿自由散放，所以转让至那里的麋鹿较多。

回顾百余年以来中国麋鹿这一特有物种的曲折经历，能明显地反映出它的命运与祖国的命运休戚相关。旧中国，天灾人祸，国运衰微，在最黑暗、最惨淡的时刻麋鹿流落他乡；而如今，政通人和，百废俱兴，在呈现一派盛世景象的日子里，国宝终于得以重返家园，繁荣昌盛。麋鹿出国又回国，使得一个几乎要以悲剧收场的故事，变成一幕喜剧的开始。（**本节主要内容源自曹克清《麋鹿研究》**）

麋谷夕照

海隅麋甸

◎ 神秘部族

1. 对世界上最大麋鹿部落的综合观察

地点：中国，黄海海涂，大丰麋鹿国家级自然保护区第一核心区

时间：2014 年春、夏、秋

观察记录 A：2014 年 8 月 21 日凌晨 1 时 39 分

位于麋鹿自然保护区西南区木架瞭望哨南部 180 米处，约 160 余头麋鹿聚集栖息在水边一片开阔的空地。开阔地吹着凉爽的风。蛙声不绝，月色溶溶。远处有几点渔火，水边几只硕大白色水鸟点缀着近乎原始的光滩。鹿群间隔卧息，间距 1—3 米不等。雄雌幼合群，占地约 100 平方米。偶有害怕蚊虫叮咬者，缓缓走

进近处树下幽深的水潭中。其时步履轻盈，几乎悄无声息，仿佛一群湿地精灵。

几只担任守护的雄鹿分不同的方位站立在距离鹿群约 50 米的哨位上，鹿角英姿，恰似哨兵的猎枪。其间，北部哨位的雄鹿发出过一次警吼，许是发现附近的树林有动静，全体鹿群即刻在月光中站立，并将目光一致转向黝黑的

春满鹿苑

初次下海

树林。树林中再无声息，估计不会构成对整个鹿群的威胁，鹿群岿然不动，只以目光盯视。凌晨2时许，鹿群西部发现一群移动的黑影，离鹿群约200米，鹿群“哗”一下，像投石下水激散的鱼群，瞬间了无踪影。

较劲

观察记录B：2014年5月2日晨5时30分

位于自然保护区望鹿塔西侧土山南端，草甸中近20头雄鹿和40多头母、幼鹿分群食草。朝霞绯红，草尖露珠七彩闪烁。各类鸟雀在云端、在树梢、在塔的四周穿梭，鸣叫声不绝于耳。40多头母、幼麋鹿被一头鹿王统领、赶逐，在草甸中不断转移。鹿王高大伟岸，角尖上挑

鹿王争霸

着些许水草，表情躁动不安，紧随鹿王的数头雌鹿尾部微微撑展，并不时相互间以头部撞击，伴有眶下腺明显开裂。

20多头雄鹿始终不离左右，在约40米处周旋，一旦鹿王与某一雌鹿厮混，雄鹿群迅速靠近，鹿王便立即冲刺赶散。鹿王驱散雄鹿群一般不朝正面某一头直接冲撞，而是在雄鹿群

狼尾草丛中

前面横插呼啸而过。其间一头雌鹿趁机离开群体隐身于土山西侧的深草甸处，不久，便与等级序位仅次鹿王的雄鹿私奔，在远离土山的边缘草地组建成新的群体。

玩耍

综合解读

A：麋鹿的组织结构

经观察，麋鹿组织的形成依据两大要素。一是部族生存，二是种群延续。部族生存又分解为采食（维系生命）与御敌（保护生命）；种群延续也分解为配种和孕育。

凡有生命之物种，无不将生存作为第一要素。麋鹿种群的大小首先由水草资源决定，水草丰茂处，麋鹿群可达百头以上。种群越大，安全系数越高。倘若水草资源不能保证，种群数便相对减少，直至与资源相适应。每头麋鹿

一夫多妻

梦中故乡

约占草地 40 亩。

正常时期，即不发情时期，麋鹿群雄、雌、幼合群。作为一种野生大型动物，生活在沼泽湿地，没有森林掩体，没有高山岩石屏障，防御天敌只能依靠自身群体的力量。

而在发情期，正常的组织形式即被一夫多妻制的家庭形式所替代。种群需要延续，而且需要优质延续，这种季节性的临时体制就显得必要，这是非常时期的一种组织形态。

雌鹿孕育期间，鹿群则采取在距离不远处，小规模采食栖息的方式，既确保安全，又使孕期与产期的雌鹿相对安静。

野斗

擂台

B：麋鹿的等级序位

组织和秩序，是万物生存的行为规则。没有严密的组织与秩序，很难想象麋鹿这一物种能够在地球上延续近300万年。而组织和秩序必然产生等级序位，在大自然中生存，谁也逃脱不了这个铁的规律。

毫无疑问，在麋鹿发情期，鹿王处在等级序位中的领袖地位。这种地位由竞争而来，优胜劣汰，激烈残酷，是实力的角逐，也有经验与智慧的较量，决无徇私舞弊和其他非实力因素存在。

林中林

鹿王不搞终身制。每一年，甚至每一天都面临挑战。因此，没有一位鹿王是软弱的，没有一位鹿王是懈怠的，没有一位鹿王是不忠于职守的。延续后代和维持秩序是每一位鹿王必须同时尽心尽力的两大职责。

凡有实力（年青、体壮）的其他雄鹿，每天觊觎领袖的地位。它们处在等级序位的第二个层面，坐九望十，从未有过不思进取，随时争取晋级或另立门户，使麋鹿的组织与秩序变得生动而富有戏剧性。

正常时期麋鹿内部的等级序位是如何认定的呢？比如说夜间“值勤放哨”，由谁指派，还是纯属自觉行为？遭遇外敌时由谁指挥前线反击、谁负责后方撤离？目前还只知道麋鹿部族井然有序地生活着，其内部的明细分工仍待观察。

C：麋鹿部族的管理模式

一般管理模式可分为制度和行为两种形式。麋鹿组织的制度管理是自然形成的，在其数百万年由雏形、到变形、到亚种、到物种十分漫长的进化过程中逐步形成，遵循制度和习惯

顶草的鹿王

已经作为每一头新生麋鹿的基本基因，比如鹿王竞争制，比如集群采食制，都是天生而成的规矩。无须改革也无法改革。

麋鹿内部行为管理自成一体。首先是语言管理。

鹿王认为雌鹿行为不轨时会发出吼叫，以示警告。母鹿幼崽互唤时，会发出高频率的鸣叫和声，以应答求得互相靠近和传递平安，健壮的雄鹿用角挑戳草皮、树杈、枯枝等物时故意发出响声，暗示附近生物，“有我在此，尔等不得造次”。雄鹿在躺卧、静立、漫步、小跑、飞奔、挑戳物体、撒尿甚至取食时，随时都会有相应的吼叫，即“语言表达”，因时因地实施

盼春

语言管理。

气味管理模式是麋鹿实施管理的重要手段。典型的方式为撒尿为界。将白色粘稠的尿液圈洒,或作印记,进入圈内者将被视为入侵。另外,麋鹿会当着其他个体的面，在某一物体如树干、栅栏等上面，用开裂的眶前腺反复擦抹，以作标记。

最简单明了的管理当然是身体直接接触、角斗、追逐等等。在长期观察中，大丰麋鹿自然保护区工作人员详细记录了麋鹿生存的 130 种管理和行为方式，为麋鹿各种管理和生活模式建立了翔实的档案。

2. 2013 年夏季鹿王产生的全过程跟踪

麋王是鹿群在非常时期的统治者，种群的延续者,是既定秩序的维护者,真正的孤家寡人。

观察对象：ALP—11，9 岁雄鹿，自 2012 年夏天起，任大丰麋鹿自然保护区第一核心区西区第 4 麋鹿群鹿王。身高约 1.5 米，体长约 2 米，体重约 250 公斤。

背景资料：麋鹿自然保护区核心区西区是

鹿群密集地带，2012年共有4群，小群20余头、大群160余头。ALP—11号鹿王为大群首领，体魄健壮，性情粗暴。在担任鹿王期间，生产后代20余头。

到了5月下旬，麋鹿自然保护区槐花飘香，绿草如茵，牙獐跳跃，白鹭云集。在这个生动的季节里，雌鹿身上发射出一种神秘的气味，在没有风的日子里，这种气味相对稳定在离地面约5米的空气中，沿水平方向在灌木与草丛间渗透弥漫，雄鹿陶醉在这种浓烈的气味中，

鹿王

梦境

鹿王

一动不动地歪侧着头，猛吸一口气，屏住呼吸，良久，再舒缓地呼出，那神态如痴如醉。之后，成年的雄鹿就在树干上磨角了，就像农人在收割前磨擦锋利的镰刀，在这美好的仲夏之夜，雄鹿磨角的“嚓嚓”声就是一场大型格斗的前奏曲。

一场暴雨过后，天空碧蓝如洗，小河边沿各种颜色的小花姹紫嫣红。这里是一片开阔地带，南边是槐树林，北面是芦苇荡，东西两端碧绿的狼尾草郁郁葱葱。有四条一丈宽余的港汊交错其间。36 头健壮的雄鹿分别越过港汊，在夕阳如血的傍晚聚集到这片地域，现场看不出谁是组织者，也没有主客场之分。这片地域因地势宽阔，俗成约定地成为每年鹿王大选的赛场。参选者逐渐到位，在1500平方米的河边光滩上伫立，相互不对峙，也不交头接耳，没有谁吃草也不喝水，除两头偶尔发出闷吼的声响，现场几乎鸦雀无声，河边的几百只白鹭也鸦雀无声，此时上弦月已经显现，有一头雄鹿仰头看了几眼弯月。我们的观察对象ALP—11号，上届鹿王夹在其间，并不显眼，看来不设种子选手。

格斗在太阳落山时突然开始。两头一组，几乎在同时展开角逐，一时间沙尘飞动，场面纷乱，鹿影混杂，令人眼花缭乱，几百只白鹭升腾而起在半空盘旋，四处是“咯咯咯”响亮的撞击声。几分钟后，有四五组麋鹿逐渐离开格斗中心，它们厮杀着越过小河，河沿鲜嫩的花朵备受践踏。天空渐暗，月明星稀，我们的观察对象淹没在纷乱的战场上，形势不明朗。仲夏之夜，有微风吹过，眼前开阔地带的格斗鹿群逐渐减少，战场被无序扩展，方圆一公里内鹿吼声此起彼伏，战败者落荒或退居二线，战胜者展开第二轮竞争。上弦月无表情地悬在高远的天幕，对世间的纷争视而不见。

秋游

泅渡

夏日雪浪

秋水恋

茸花

天地之浴

东方微明，一场小雨让战场尘埃落定。几头雄鹿在近处河边上吃草，除了开阔地面上纷乱的蹄印、鹿毛和斑斑血迹，一切显得安详与宁静。昨夜角逐的战况只有麋鹿清楚，或许河边的白鹭也略知一二，通宵密切跟踪关注战场的人类观察家们，此时却一头雾水。昨夜的勇猛斗士，既没有胜者的张扬，也不见败者的沮丧，看不出谁是赢家。

太阳从东方升起来了，河边的白鹭又升腾至半空，吃草喝水的麋鹿抬起头来，有两头麋鹿缓步走向开阔地，其中之一正是ALP—1l号，它不负众望打进了决赛。接下来将是冠亚军的强者之争，是争夺王位的殊死之战。ALP—1l号从容地走进开阔地，面对对手，头颅上下幅度不大地摆动了四次，仿佛绅士那样，表示礼节，也表示邀斗。而后，它们生硬地盯瞧对方，耳朵后伏，眼白暴露，口吻上下交叉，企图在气势上压倒对方。紧接着双方摆开架势，各自往前迈出一步，头部朝下，微微左右摇摆，步伐坚定而审慎。终于它们双角对峙顶抵，尔后进进退退，往返了数十回合。ALP—11号体形稍瘦，没有对手健壮，几个小时后体力渐渐不支，它突然低下身体，一个旋转，解脱了双方角的缠抵，迅速向西南河边撤退，对手尾随。ALP—11 号前蹄横空，越过港汊，往南 100 米，又越过第二道港汊时，对手用力过猛，前蹄踏入泥潭，欲拔不能，ALP—11 号回头猛抵，对手落水，颈、背、腹部、皮毛多处出血，ALP—11 号智取夺胜，连任鹿王。这是 30 年来自然保护区内惟一连任两届的鹿王。

鹿王在一个时辰内到任。近 60 位嫔妃及其幼鹿被召集到开阔地东侧的绿色草丛。ALP—

王者

11 鹿王是有经验的管理者，指挥有条不紊，管理疏而不漏。它以浑厚的声腔吼叫了几声，观察家不懂鹿语，想必是就职演说，无非是“从今我是大王，敬请听我指挥，敬请合作”等等。有两只雌鹿离群走向河边，看不出是想饮水还是企图逃跑，新鹿王冲到近前，双目怒瞪，眶下腺裂开，凶相毕露，给“妻子以白眼”，雌鹿乖乖返群。

在随后的日子里，ALP—11 号鹿王时而情

鹿王风采

绪激烈，时而柔情万种。它的眶下腺完全开裂，黑色的腺表皮与面部淡颜色的皮毛形成鲜明对照。作为一种可见性明显而强烈的权威标志，鹿王的眶下腺扩裂连续维持了6个星期。它经常将颈部前伸，头部放低，几乎接近地面，舌头不停地来回伸缩。

它不停地尾随在雌鹿身后，将嘴唇卷噘，眼睛闭上或半闭半开，张开嘴，上唇稍稍抬起，那神情仿佛吸毒者正在瘾中，无限痛苦，神魂颠倒。

在整个一个多月的配种季节，ALP—11号鹿王用尽了心机。它在母鹿群的四周围撒上尿液，类似国王圈定的后宫围墙。它用角挑戳悬挂青草和水草，作为装饰，以博得雌鹿的青睐。它在泥沼中打滚，将泥巴涂敷在身上，作为帝王的标记。科学家说，南黄海湿地泥土中大量含硒，鹿王沐浴硒土是为了保肾聚精。

然而，它的统治地位每时每刻受到觊觎和挑战。那战败的30多头雄鹿，组成松散的联盟，每日在雌鹿群20多米的外围转悠，ALP—11号鹿王对内需要软硬兼施，对外时刻警惕，每日数十次驱情敌于20米以外。它心力交瘁，却乐

夕照

托起明天的太阳

此不疲。

那日炎热的午后，还是发生了叛逃与私奔。一头健壮的小母鹿与曾被鹿王智斗败北的雄鹿眉来眼去，蓄谋已久。老虎也有打盹的时候。这天午后鹿王真的累了，卧息在西区土山的东侧青草中。叛逃发生了。另有一头雄鹿也加入了私奔的行列。两雄一雌往芦苇荡的边沿飞奔。鹿王听到了鹿行节骨的噼扑声，弃整个鹿群不顾奋勇追击，其速度当在每小时 100 公里以上。它前蹄扬起，越过一丈多宽的漕沟，抄近路直插芦荡。被截的母鹿求助地看着它的伴侣。两位叛逆者此时撕下了脸面，它们从两端向鹿王发起夹击。鹿王经一个多月的日夜劳累，消瘦多了，皮色的光泽大减。但是种族的秩序不可动摇。它首先全力向那位协同者冲刺，仅一回合就将对手制伏。另一位曾经的手下败将也许感到此次格斗师出无名属不义之战，因此不战而退，悻悻地离去。鹿王领着“私奔”的小妾返回坡地。其余众母鹿见状毫无表情。然而，当天夜晚，那头小母鹿还是失踪了，鹿王没有发现一丝动静和踪影。

ALP—11 号鹿王在 2013 年夏天过后，明显地消瘦和衰老了，当孕育着新生命的母鹿各自为群散落草地之后，鹿王重新回到原先的鹿群当中，当初的显赫已经过去，昔日的统治者已成昨夜黄花。作为前鹿王，它像一位荒原隐士，表现出无限的超脱和无所作为，继续跟踪已无价值。2014年夏日，他象征性地参加了鹿王大赛，被轻易淘汰出局。新鹿王是一位非常年轻的后生。开头几天，前鹿王也跟在其他战败的雄鹿后面，在离母鹿群20多米的外围起哄，后来自觉无趣便自动离开了。从望远镜里，观察家看到南缘地带大片的胡槐树边沿有几头散群的公鹿，其中有几头都曾担任过鹿王。如今，纷飞而洁白的槐花洒落在它们的身上，它们在远处的那片草地踽踽而行，而更多的时候，它们无所事事地伫立着，像无边的秋水，在苍茫的宇宙间流过它们短促的生命旅程。

3. 代号BRT—17号麋鹿的生命年谱及死亡过程

生命是神秘莫测的，又是简洁明了的，生命的过程是漫长久远的，又是瞬间即过的，生命的意义是辉煌的，又是平凡渺小的。我们该怎样评说生命的价值呢？

在大丰麋鹿自然保护区放映厅，陈列着一架完整的麋鹿头标本。标本名称：代号 BRT—17 号。生于 1976 年，死于 1994 年。标本角长 219 厘米。标本陈列着，已经经受近 20 万人次参观，还将被更多的人观赏。观赏什么呢？是对生命意义的深刻追究么？是对物种进化的科学探讨么？是对峥嵘鹿角的艺术鉴赏么？或许，

加冕

满秋

鹿王争霸

人们就是简单地看看，目光扫过而已，像一阵风掠过海涂，然后离去，什么也不为，也许这样更符合自然。生命是自然的，何必精雕细刻，何必穷追不舍？

根据记载，1986年8月14日，英国伦敦39头麋鹿被专机运往亚洲中国大丰海涂。其中雄性13头，雌性26头。BRT—17号为13头雄性麋鹿之一，当年10岁，正值青春旺季、生命最威猛时期。据当事人回忆，1986年8月14日那一天，从集装箱内第一个探头并率先步入大丰沿海滩涂的就是这头雄鹿。当它走到一条小河边，便迫不及待地饮水了，有几只当地的白鸟也毫不见外，争先恐后地骑到了它的背上。为此，在这一年秋天的季节里，它便成了人类数家新闻媒体的聚焦明星，出尽了风头。然而对于这一切它全然无知，或者说当它面对荣誉时，完全漠然处之。也许出风头的仅仅是那些写文章和搞摄影的人，人类的荣耀与麋鹿无关。

现在，在我们的手头仅存简单的一张卡片。BRT—17号(头右侧有一只湛蓝色耳环)。性别：雄性。母亲：1970—8号。父亲：1975届英格兰伦敦乌邦寺麋鹿王。生于1976年4月22日午后。10岁前一直在英国生活，对于那10年的生活状况我们一无所知，只能透过这张微型卡片作如此想象：3000英亩的古典庄园，水草丰茂，4月，高大的橡树树叶在春风中拂动。肥硕的河马在树荫下的河水中游玩，两只小黄麂在河边的坝子上看了一会儿河马，后来头顶上有几声鸟叫，黄麂就离开了河边。与此同时，一只十月怀胎的母麋鹿离开了鹿群，独自遁入茂密的草丛中，在月亮初升的时候，小麋鹿出世了，皎洁的月光沐浴着这个幼小的生命，当它被母亲舔干胎毛时，身上显现多处白色的斑点。小生命可爱极了，它睁开眼看了一会这个温馨而朦胧的世界，几分钟后颤悠悠地站立了起来，随即勇敢地迈开了生命旅程的第一步。按照惯

湿地彩虹

角斗

例，它应当在半岁时断奶，也就是1976年冬天。在它两岁之前，基本不离开母亲左右，偶尔也出去玩玩，蹦蹦跳跳地在河边空地上与其他小鹿打斗一番，但很快就会被母鹿唤回。通常在两岁时，它有了弟弟或妹妹，它像一个半大的小伙子开始独自谋生。我们推测，在伦敦乌邦寺那么优越的生活环境中，BRT—17号麋鹿性成熟应当不会太晚，很可能在5岁，或许4岁就会跃跃欲试地参加当年的鹿王争霸比赛，但是太嫩，根本没有取胜的可能。6 至 7 岁，实力雄厚了，再不是那个月光下胎毛未干的小幼崽，我们可以想象它在乌邦寺庄园中参加角逐的精彩场面。然而，没有它曾经担任过鹿王的文字记载。什么原因使这位威猛的年青斗士败走麦城的呢？我们始终不得而知，反正，那是很遗憾的事情。因为我们在 1986 年首次见到它时，对它伟岸的身姿、光洁的皮毛以及整个自信的神态赞叹不已。

鹿王争霸

在那一天大丰麋鹿保护区大事记中有如下记载 :“BRT—17 号，一头健壮的雄鹿，格外醒目。角长 219 厘米，体重约 260 公斤，在整个鹿群中表现得最具生命力，应当格外关注。”文字的边沿打了两个重重的五角星。

然而，十分令人遗憾，这样一位被我们多位评审专家屡屡相中的雄鹿，在到达中国黄海滩涂以后，连续五年参加鹿王争霸大赛，而且每次差不多都是第一个出击，每次都表现出勇猛的斗志，但每次都莫名其妙地败北。其中有

魅力仲夏

势均力敌

一次它几乎已经在决赛中取胜了，对手已经承认失败，退出赛场了，它却在兴奋的一跃中陷入沼泽，于是对手卷土重来，硬是抢走了金牌。多么可惜呀！

然而，优秀是天生的，在那些年里，BRT—17 号麋鹿一直就像一个榜样，处处以身作则。初冬到了，它第一个躲到无人烟处，悄悄地脱下鹿角，将桂冠放置在人们不易察觉的草丛深处。春天，它又第一个长出新茸，并且能够以每天差不多 3 英寸的速度猛增，一个星期彻底新生。在每次鹿王比赛战败后，它决不气馁，夜间大群值班放哨，它一直处在前沿哨所，在母鹿孕育幼崽的季节，它一直密切关注并在不远处自觉担任守卫的职责。然而，岁月无情。进入 20 世纪 90 年代，BRT—17 号逐年衰老了。在参加了七届争霸赛（最后两届已经没有实力问鼎了）以后，它退出了硝烟弥漫的历史舞台。

1992 年 10 月 26 日下午，秋高气爽，热烈的阳光照着大批泛黄的狼尾草，科研人员在东区的一片草甸中见到了 BRT—17 号，那时它从人们的视野中消失已经近半年了。那一天，它孤零零地站在草丛中，远处的鹿群大多在休息。在这个金色的季节里，草源丰盛，麋鹿觅食吃草的时间相对较短，大部分时间都在休息和娱玩之中。但是，BRT—17 号仍在吃草，它嘴里含了一口草，反复地咀嚼，久久难以下咽。因为它的牙齿脱落了三颗，它就经常处于半饥饿状态，因此，必须离群索居了。等待它的将是凄惨的晚景。

半年前，科研人员与它有过一次相遇，在一场雨后，一条小河边沿。那里有一堆网围栏的铁丝，也许它将铁丝误以为是草或树枝了，

大型草书石碑《麋鹿本纪》

安魂赋

就用角去挑戳，谁知被铁丝绕住角了，怎么也甩不脱，而且越缠越紧，连带弄倒了两三米长的网围栏，再也无能为力了，这一切被远处的科研人员从望远镜中尽收眼底。科研人员帮助它，一圈一圈理开缠绕的铁丝。

再次见到BRT—17号,是在1994年的冬天。它奄奄一息地躺在西北竹林的边沿。那里有一片枯黄的茅草，中间呈现5米见方的一块被践踏倒地的草滩，那里有竹林挡住西北方的寒风，冬日的阳光和煦而温暖，它侧卧在草地的中央，眼神无力，嘴边沿有些许白沫吐出，身上的毛已经脱落无几，它一直就保持着那样的姿势，身体微微颤抖。太阳落山之前，它阖上双眼，安详地死去。麋鹿理论寿命25岁。BRT—17号麋鹿终年18岁。算是麋鹿中的长寿者。

1986年从英国回归的39头麋鹿已全部离世，它们是中国南黄海湿地3000头新生代麋鹿的祖先。大丰麋鹿保护区将它们的毛骨及资料建碑收藏，并以十四行诗的体例石刻《安魂赋》缅怀。

4 对幼鹿进行人工驯化的实验报告

古人有无家养麋鹿的历史尚无文字记载，当然更没有家养成功的记录，“醒醒”由此成为麋鹿类与人类密切交往的第一位友好使者。

当初，也就是10年前，这只小鹿刚刚在草地上降生，那天早晨，草地上有很重的露水，小鹿跌跌撞撞地跟在母亲身后，它们不时地东张西望，看着这一片被春风吹绿的世界。

小鹿

小鹿

刚生下来的小鹿，身上的毛是棕红色，在身体的两侧长有大约 160 多个斑点。这些斑点都是白色，长的像梅花一样，所以称为梅花斑点。30 多天之后，这些梅花斑点自然消失了。

醒醒的母亲首先发现鹿仔不见了，它发现鹿仔被人抱在怀中，立刻不顾一切地冲到人的跟前与劫持者对峙，然后迅速离去，两分钟以后，有七八头高大健壮的雄麋鹿应招而来。

那一天，因为收养“醒醒”，管理人员遭遇了一场惊险。诚然，长期在自然保护区生活，终年在荒野里与兽类交往，工作人员对于类似惊险早已习以为常。

每年 3—5 月是麋鹿产仔的季节，刚产下的麋鹿仔落地后 15—20 分钟就能站起来，然后很快学会走路，走到妈妈的腹下找奶吃。

“醒醒”是吸着奶瓶中的牛奶粉长大的，由于从出生第一天就离开了母亲，它像育稚室的

小鹿

婴儿那样，津津有味地吮吸着牛奶瓶嘴，吃饱以后，就像小尾巴那样，跟在保育员的身后散步遛达，在人工营造的绿色草坪上度过了它们无忧无虑的童年。

牛奶的脂肪是鹿奶的两倍。幼鹿的肠胃功能经受了严峻的考验，常年拉稀，甚至危及到生命的安全。保育人员为其擦洗溺便，消毒治病，像是护理自己的孩子。

孩子逐年长大，“醒醒”性情温顺。它在两岁时第一次落落大方地接待了一个高规格的文化旅游团，在那些文人墨客、美男靓女的调侃声中不卑不亢，显示出极高的教养和大家风范。

它首次成功地打破了麋鹿与人僵持疏远的格局，作为生物类的吉祥宝物，已载入人类与麋鹿的共同史册。

金色童年

冬季部落

◎ 文化符号

1. 中国文化兽类的样本

麋鹿是一种很独特的文化兽类，关于它的研究内容比较宽泛，而且更侧重人文、历史及应用，那些符合现代生物科学的内容零星淹没在浩瀚的古籍海洋里，天衣无缝地体现于完整的中国历史和文化体系中。研究麋鹿的文化价值极有意义。

（1）与中华民族休戚相关

麋鹿似乎伴随着整个中华民族发展的步履，其身影时显时隐，天衣无缝地体现于完整的中国历史和文化体系中。由于麋鹿体型宽大，会与人类争夺自然资源，因此到了农业文明的鼎

瞧这一家子

恋爱

呵护

父爱

久别重逢

天伦之乐

盛期，该物种面临两种抉择，一是委曲求全地与人类打交道、被人类驯化，二是被压缩生存空间，寿终正寝。可是这一吉祥物种居然神奇地选择了第三条道路——假死，而后复生。野生麋鹿灭绝之后，它们先是寄生于皇家猎苑，在剑戟肃杀的屠宰场，苟延残喘。当中华民族处于最危险的时刻，这一物种绝处逢生，寄身于世界人类文明的空间，在远离故土的欧洲延续种群。祖国振兴后，麋鹿回家，大千世界，物种万千，麋鹿与我们华夏相伴相生，一路走来，此物此情弥足珍贵。

（2）麋鹿在古代曾进入我国政治体列

远在三四千年前，在长江和黄河中下游的广阔土地上，曾经活跃着一个以麋鹿（写成微、薇、麋）作为图腾的部落。尔后，它建立了一个国家，并以此图腾作为它的国名，这就是麋国。位于今湖北当阳县南境的麋城，是当时麋国的都邑。它地处沮漳河西岸的两河乡麋城村，距玉阳镇 30 公里。城墙周长 1660 米以上，东西宽 570 米以上，略呈椭圆形。城区面积约为 174000 平方米。如

水沐年华

丛林五月

野溪雄姿

白露过后

冬至森林

果用现代眼光看，这个城太小了。可是，“古代方国，城大不过三百丈，人多不过三千家”，在春秋以前，这样的都邑就不算小了。这里地势低平，土地肥沃，物产丰富，临湖泽，有舟楫通江河之便，有鱼米山林之饶，是一块得天独厚、兴邦创业的宝地。

（3）鹿在中国古代象征着财富

“福、禄、吉、寿”，禄被古人列入对美好

生活的向往之一。因为麋鹿浑身是宝，肉可食，皮可衣，亦可制靴，相传成吉思汗的皮靴均为麋鹿皮革制成。鹿角还是上等药物。古代官制薪水，称为俸禄。获取麋鹿，一度成为国人的重要经济组成。

（4）麋鹿在古代中国文化中影响深远

中国四灵——龙、凤、龟、麟，与麋鹿相关的竟占其半。考古学家认为，龙是无角的。

聚会秋日

春之麋鹿

商代人给龙安上角，原型取之麋鹿角。古人将麒麟清晰地描述为沼泽兽。“山出器车，河出马图，凤凰麒麟，皆在郊棷。”棷为沼泽，与麋鹿生境完全一致。从生态学的角度支持了麒麟的原型多半是麋鹿的论断。

（5）与古代文人志趣相投

自古麋鹿秉性独立，远离人类目光，拒不接受人类驯养，隐居江湖，其志趣为中国文化人推崇。唐李白《山人饮酒》：“各守麋鹿志，耻随龙虎争。”宋曾巩《初发襄阳携家夜登岘山置酒》:“颇适麋鹿性，顿惊清兴长。”宋苏轼《和陶饮酒》:“我坐华堂上，不改麋鹿姿。”还有“山中精灵安可睹，辙迹人踪麋鹿聚”、“吏人不见中朝礼，麋鹿时时到县衙”等等，不胜枚举。

2. 多样性物种行为文化集成

麋鹿俗称“四不像”，在其进化过程中，摄取了多样物种的行为功能和文化品质。麋鹿似

小河人家

鹿非鹿，有利角但决不伤人，秉承了鹿的温和；麋鹿似马非马，其面善，决无奸诈，秉承了马之忠贞；麋鹿似驴非驴，其尾长仅作驱虫，秉承了驴之坚韧；麋鹿似牛非牛，其蹄坚，奔走觅食，忍辱负重，秉承了牛之勤奋。温和、忠贞、坚韧、勤奋，多种动物的优秀品质聚集麋鹿一身。

在对麋鹿进行文化梳理和鉴赏过程中，不仅是化鹿为人或人鹿合一，更要打破以人为中心的价值局限，让所有生命得到同等尊重，从人类文明高度来讲好麋鹿的故事。

聚首

3. 文明人类对野生动物保护的典范

在世界野生动物保护领域，涉及中国的几件宝贝中丹顶鹤是跨国保护的。在东北亚各国，凡有丹顶鹤栖息的国度，都参与了该物种的保护与研究。因为丹顶鹤是世界著名的文化鸟类，其外形美丽，行为勇敢，文化悠远，深受人类青睐。在文化兽类中，大熊猫憨厚可爱，成为多个国家的友好使节，而麋鹿却以身世独特、经历丰富而著称，很少有单一物种，能够被人类讲出这么多的精彩故事。

欢腾

大丰麋鹿国家级自然保护区的建设也堪称经典。据说，昔日清朝皇家猎苑的麋鹿是被人设了陷阱活捉后，被塞进木质囚笼，从江淮沿海历经数月押解进京的。而皇家猎苑的最后 18 头麋鹿，是被欧洲人装进货船，漂洋过海进入异国的，在 20 世纪 80 年代，麋鹿则有幸乘专机横空出世，穿越欧亚天空回到老家，当今世界，尚无其他物种在礼遇上有如此落差，在空间上有如此跨越。

近30年，大丰麋鹿国家级自然保护区的工作堪称典范："引种扩群""行为再塑""野生放归，人工驯养"，培育了全世界最大的麋鹿种群，建立全世界最大的麋鹿保护区；建成第一座麋鹿基因库，野放回归了世界上唯一的野生麋鹿种群，链接了中断200年的野生麋鹿生命链条；在科技上，多项成果填补世界空白；同时高举麋鹿文化旗帜，打造5A旅游景区。大丰麋鹿国家级自然保护区成为国际野生动物保护界一面旗帜，为全人类生态保护作出杰出贡献。

4. 南黄海湿地区域文化品牌

充满神话色彩的麋鹿是吉祥之物。凡赞助过麋鹿的人总会得到麋鹿的恩惠。史记周文王是最早建立麋鹿园的，他处理政务疲劳了，就去散散心。"观麋鹿仙鹤，不亦乐乎"。后来他终得天下，据说有麋鹿相助，因为他的军师姜子牙的座骑就是"四不像"。史载魏文帝是因为保护幼小麋鹿而被确定登上王位的。乾隆也是与麋鹿有缘之人。

法国人达卫发现麋鹿，传播麋鹿，成为世

界级的动物学家。乌邦寺庄园因为几代园主关爱麋鹿而百年兴旺。

大丰是早期麋鹿兴盛地，古代野生麋鹿灭绝地，中国麋鹿回归地，新生代麋鹿发源地，当代野生麋鹿栖息地，麋鹿故乡已成为大丰社会品牌、文化品牌、旅游品牌，麋鹿恩泽大丰兴旺昌盛。

后记

与杨国美先生、周昕先生合作编著这本小书，心情愉悦，因为情趣相投、志同道合，共同喜爱着黄海之滨的家乡和麋鹿。其实，这种志同道合是一个很大的阵营，大丰市委、市政府，大丰的人民、大丰麋鹿保护区的领导和职工，以及几十年来关注湿地生态、爱护保护麋鹿的各界人士，都在其中，并在日益扩大。曹克清、蒋志刚、丁玉华都是保护麋鹿的专家，这本小书多处引用他们的资料、观点，甚至原文，在此，对他们表示感谢和敬意。麋鹿保护区孙大明主任以及沈华、许国新、候立冰、徐安宏、刘彬、任义军、王立波等参与了本书的策划和提供资料，大丰市委宣传部杨芸芸统筹编著，一并感谢。

马连义